VOYAGE

DANS

L'AMÉRIQUE MÉRIDIONALE

(LE BRÉSIL, LA RÉPUBLIQUE ORIENTALE DE L'URUGUAY, LA RÉPUBLIQUE ARGENTINE, LA PATAGONIE, LA RÉPUBLIQUE DU CHILI, LA RÉPUBLIQUE DE BOLIVIA, LA RÉPUBLIQUE DU PÉROU),

EXÉCUTÉ PENDANT LES ANNÉES 1826, 1827, 1828, 1829, 1830, 1831, 1832 ET 1833,

PAR

ALCIDE D'ORBIGNY,

DOCTEUR ÈS SCIENCES NATURELLES DE LA FACULTÉ DE PARIS; CHEVALIER DE L'ORDRE ROYAL DE LA LÉGION D'HONNEUR, DE L'ORDRE DE S. WLADIMIR DE RUSSIE, DE LA COURONNE DE FER D'AUTRICHE; OFFICIER DE LA LÉGION D'HONNEUR BOLIVIENNE; MEMBRE DES SOCIÉTÉS PHILOMATHIQUE, DE GÉOLOGIE, DE GÉOGRAPHIE ET D'ETHNOLOGIE DE PARIS; MEMBRE HONORAIRE DE LA SOCIÉTÉ GÉOLOGIQUE DE LONDRES; MEMBRE DES ACADÉMIES ET SOCIÉTÉS SAVANTES DE TURIN, DE MADRID, DE MOSCOU, DE PHILADELPHIE, DE RATISBONNE, DE MONTEVIDEO, DE BORDEAUX, DE NORMANDIE, DE LA ROCHELLE, DE SAINTES, DE BLOIS, ETC.; AUTEUR DE LA PALÉONTOLOGIE FRANÇAISE, ETC.

Ouvrage dédié au Roi,

et publié sous les auspices de M. le Ministre de l'Instruction publique

(commencé sous le ministère de M. Guizot).

———

TOME QUATRIÈME.

2.ᵉ PARTIE : MAMMIFÈRES.

———

PARIS,

CHEZ P. BERTRAND, ÉDITEUR,

Libraire de la Société géologique de France,

RUE SAINT-ANDRÉ-DES-ARCS, 65.

STRASBOURG,

CHEZ V.ᵉ LEVRAULT, RUE DES JUIFS, 33.

1847.

VOYAGE

DANS

L'AMÉRIQUE MÉRIDIONALE

(LE BRÉSIL, LA RÉPUBLIQUE ORIENTALE DE L'URUGUAY, LA RÉPUBLIQUE ARGENTINE, LA PATAGONIE, LA RÉPUBLIQUE DU CHILI, LA RÉPUBLIQUE DE BOLIVIA, LA RÉPUBLIQUE DU PÉROU),

EXÉCUTÉ PENDANT LES ANNÉES 1826, 1827, 1828, 1829, 1830, 1831, 1832 ET 1833,

PAR

ALCIDE D'ORBIGNY,

DOCTEUR ÈS SCIENCES NATURELLES DE LA FACULTÉ DE PARIS; CHEVALIER DE L'ORDRE ROYAL DE LA LÉGION D'HONNEUR, DE L'ORDRE DE S. WLADIMIR DE RUSSIE, DE LA COURONNE DE FER D'AUTRICHE; OFFICIER DE LA LÉGION D'HONNEUR BOLIVIENNE; MEMBRE DES SOCIÉTÉS PHILOMATHIQUE, DE GÉOLOGIE, DE GÉOGRAPHIE ET D'ETHNOLOGIE DE PARIS; MEMBRE HONORAIRE DE LA SOCIÉTÉ GÉOLOGIQUE DE LONDRES; MEMBRE DES ACADÉMIES ET SOCIÉTÉS SAVANTES DE TURIN, DE MADRID, DE MOSCOU, DE PHILADELPHIE, DE RATISBONNE, DE MONTEVIDEO, DE BORDEAUX, DE NORMANDIE, DE LA ROCHELLE, DE SAINTES, DE BLOIS, ETC.; AUTEUR DE LA PALÉONTOLOGIE FRANÇAISE, ETC.

Ouvrage dédié au Roi,

et publié sous les auspices de M. le Ministre de l'Instruction publique

(commencé sous le ministère de M. Guizot).

TOME NEUVIÈME.

ATLAS
ZOOLOGIQUE

Mammifères, Oiseaux, Reptiles, Poissons, Mollusques, Polypiers, Foraminifères, Crustacés et Insectes.)

PARIS,

CHEZ P. BERTRAND, ÉDITEUR,

Libraire de la Société géologique de France,

RUE SAINT-ANDRÉ-DES-ARCS, 65.

STRASBOURG,

CHEZ V.e LEVRAULT, RUE DES JUIFS, 33

1847.

COMPOSITION GÉNÉRALE DE L'OUVRAGE.

Nous proposons de former de l'Atlas deux volumes ainsi composés :

AVERTISSEMENT.

Durant mon voyage en Amérique (de 1826 à 1833) j'ai recueilli de nombreuses observations sur les mammifères de toutes les régions que j'ai successivement visitées, dans le but de donner une suite de considérations relatives aux limites d'habitation, en latitude et en élévation sur les montagnes, de chaque espèce en particulier, et d'arriver ainsi à des lois générales. J'ai de plus réuni une foule de documens sur les mœurs, sur les habitudes de chacun de ces animaux, de manière à définir quelle est l'influence de la configuration orographique et de la composition phytographique et zoologique de toutes les zones d'habitation, sur leur répartition à la surface de l'Amérique méridionale.

Depuis mon retour (de 1834 à 1846), obligé de faire marcher de front, presque seul, les diverses parties dont se compose ma vaste publication, les mammifères se sont trouvés par hasard réservés en dernier. J'avais l'intention de leur donner le développement convenable, en rapport avec leur importance réelle; mais comme je me trouve aujourd'hui forcé de changer de cadre et de rester en des limites très-restreintes, je n'ai plus de place pour les traiter suivant mes désirs. Je me résigne donc, aidé du savant concours de M. Paul Gervais, si versé dans l'étude mammologique, à indiquer seulement une petite partie des espèces que j'ai déposées au Muséum d'histoire naturelle de Paris, et sur lesquelles j'ai des notes bien plus étendues. J'espère que ces matériaux, obtenus au prix de tant de fatigues, ne seront pas perdus pour la science, et qu'ils feront, quelque jour, l'objet d'un travail plus complet.

Paris, ce 10 janvier 1847.

ALCIDE D'ORBIGNY.

Grâce aux recherches aussi actives qu'éclairées des nombreux naturalistes voyageurs qui ont parcouru l'Amérique méridionale dans ces dernières années, ou qui ont visité les principaux points de son littoral, les productions de cette vaste région sont aujourd'hui bien mieux connues. Les différens musées de l'Europe ont pu se les procurer; les mammalogistes les y ont étudiées avec soin et comparativement, et des publications spéciales leur ont également été consacrées soit dans les récits des voyageurs, soit dans les recueils des académies savantes ou dans les principaux journaux zoologiques. Cette abondance de récoltes et les publications aussi nombreuses qu'intéressantes qui en ont été le résultat, ont contribué d'une manière remarquable aux progrès de la mammalogie. Nous nous en félicitons avec tous les naturalistes, bien qu'elles réduisent de beaucoup la part des découvertes qui nous était réservée, et qu'il ne nous reste plus qu'à glaner là où nous aurions pu moissonner aisément. En effet, la plupart des mammifères d'espèces entièrement nouvelles, que M. d'Orbigny avait recueillies avec peine et envoyées ou rapportées en Europe depuis 1826 jusqu'en 1835 [1], ont été depuis lors découvertes et décrites par d'autres observateurs. Beaucoup d'entre elles, celles surtout de l'ordre des Rongeurs, sont actuellement vulgaires dans les collections et même dans le commerce. Bennett, MM. Isid. Geoffroy, J. E. Gray, Waterhouse, Wagner, Tschudi et plusieurs autres savans mammalogistes, ont trop bien fait connaître les mammifères de l'Amérique méridionale pour que nous regrettions le retard que des circonstances indépendantes de notre volonté ont apporté dans cette partie de la présente publication.

Après la faune australasienne et presque autant qu'elle, la faune mammalogique de l'Amérique méridionale est le meilleur exemple que l'on puisse citer à l'appui des grandes lois que le génie de Buffon a entrevues dans la répartition géographique des animaux, lois que les découvertes récentes des zoologistes et celles des paléontologistes ont si heureusement formulées. Non-seulement elle nous montre un ensemble d'espèces qu'on ne retrouve point ailleurs, mais aussi des genres et même des familles qui lui sont tout-à-fait propres. Ce qu'une étude plus analytique et plus difficile peut seule montrer dans les diverses faunes de l'ancien monde et de l'Amérique septentrionale réunis, un premier coup d'œil peut le faire voir ici. Ajoutons que dans l'Amérique méridionale comme dans l'Australasie et même dans l'ancien monde la faune paléontologique relève elle-même des mêmes lois que la faune actuelle. Ce sont des espèces particulières qu'elle nous montre, mais ces espèces appartiennent pour la plupart aux mêmes genres et aux mêmes familles qui caractérisent aujourd'hui l'Amérique méridionale. Ce fait, non moins important que le premier, résulte clairement des travaux de Cuvier et de ceux de MM. de Blainville, Lund, Owen, Claussen, etc.

Décembre 1846.

PAUL GERVAIS.

---

1. Quelques-unes ont été indiquées dans le Rapport fait à l'Académie en 1834 et imprimé dans le tome IV des *Nouvelles Annales du Muséum de Paris*.

MAMMIFÈRES,

PAR

M. ALCIDE D'ORBIGNY,

ET

M. PAUL GERVAIS,

PROFESSEUR DE ZOOLOGIE A LA FACULTÉ DES SCIENCES DE MONTPELLIER, ETC.

1847.

NOTA.

Les planches I, II et II *bis* des Mammifères, ayant rapport aux races américaines, ont été citées dans le tome IV, 1.re partie, intitulée *L'Homme américain.*

Les planches VII et XIX n'ont pas été publiées et ne doivent pas l'être.

VOYAGE

DANS

L'AMÉRIQUE MÉRIDIONALE.

MAMMIFÈRES.

ORDRE DES QUADRUMANES.

Le nombre des quadrumanes américains s'est beaucoup accru dans ces derniers temps; mais, quoique ces animaux forment plusieurs genres très-bien caractérisés, tous sont de la même famille, et cette famille peut être aisément distinguée de celle des singes de l'ancien monde ou des lémuriens. Nous renverrons pour son histoire aux travaux des mammalogistes et en particulier à ceux de Spix et de MM. Étienne et Isidore Geoffroy Saint-Hilaire, nous contentant de parler ici de quelques espèces seulement.

STENTOR STRAMINEUS.

Simia straminea, Humb., *Recueil d'observ.*, t. I, p. 355; *Stentor stramineus*, Ét. Geoffr., *Ann. du Mus. d'hist. nat. de Paris*, t. XIX, p. 108; *Mycetes stramineus*, Desmarest, *Mammalogie*, p. 78; Spix, *Sim. brasil.*, p. 45, pl. 31.

Hab. Tout le centre du continent méridional, principalement dans les provinces de Santa-Cruz, de Chiquitos et de Moxos, en Bolivia.

CEBUS FULVUS, var.
Pl. III.

Cebus flavus? Ét. Geoffr., *Ann. du Mus. d'hist. nat. de Paris*, t. XIX, p. 112; J. B. Fischer, *Syn. mamm.*, p. 49; *Cebus fulvus*, Desm., *Mammalogie*, p. 83.

Nous avons rencontré cette variété dans les grandes forêts qui avoisinent la ville de Santa-Cruz de la Sierra, république de Bolivia.

SAIMIRIS ENTOMOPHAGUS.

Pl. IV. Sous le nom de *Callithrix entomophagus* d'Orb., 1836.

Callithrix boliviensis, Nouv. Ann. du Mus. d'hist. nat. de Paris, t. III, p. 89; *Saimiris entomophagus,* Is. Geoffr. Saint-Hilaire, *Voyage de la Vénus, Mamm.,* p. 99; *Chrysothrix
entomophagus,* André Wagner, *Ann. and Mag. of nat. hist.,* t. XII, p. 42.

Espèce voisine du Saïmiri (*Cebus sciureus* des auteurs), mais néanmoins très-facile à
en distinguer. Elle est en général fauve, avec des teintes verdâtres sur le dos, la gorge
blanchâtre, les lèvres, la calotte et le bout de la queue noirs. Ses formes sont grêles et
gracieuses, comme celles du Saïmiri, mais sa queue est un peu plus longue; les poils
sont annelés de fauve et de noirâtre sur une grande partie du corps; les avant-bras,
les mains et les pieds sont fauve doré.

Cette espèce habite toutes les grandes forêts chaudes et humides du centre de l'Amérique méridionale. Nous l'avons en effet rencontrée successivement dans les provinces
de Chiquitos, de Moxos et de Santa-Cruz de la Sierra (république de Bolivia). Elle voyage
en grandes troupes, et se nourrit principalement d'insectes orthoptères et d'araignées.

CALLITHRIX DONACOPHILUS.

Pl. V. Sous le nom de *Callithrix donacophilus*, d'Orb., 1836.

Isid. Geoffroy Saint-Hilaire, *Voyage de la Vénus, Mamm.*, p. 99.

La face est nue, noirâtre, tout le corps gris-roux, plus foncé sur la tête et le ventre.
La queue est gris-brun. Le poil du corps est annelé de noir, de blanc et de roux,
celui de la queue est d'une seule teinte.

Nous avons rencontré cette espèce dans les bois et parmi les roseaux qui bordent les
rivières de la province de Moxos, dans la république de Bolivia. Elle est très-craintive
et vit ordinairement par paires.

ORDRE DES CHEIROPTÈRES.

Les Cheiroptères sont nombreux dans l'Amérique, ainsi que dans les autres
parties du monde. Beaucoup de leurs espèces sud-américaines se rapportent à
des genres qu'on ne retrouve point ailleurs et qui sont, comme les Sapajous,
caractéristiques de cette grande région zoologique. Tels sont les *Phyllostomes,*
les *Stenodermes,* tels que les définit M. de Blainville, les *Desmodes,* les
Glossophages et les *Noctilions.* Les autres appartiennent aux deux grandes
familles des *Molosses* et des *Vespertilions,* familles qui paraissent être cos-
mopolites. On remarque parmi les Vespertilions des Nycticées du sous-genre
Lasiure et des espèces de presque tous les autres groupes connus dans l'ancien monde. L'Amérique, même dans ses parties méridionales, n'a fourni
aucune espèce de la famille des Roussettes, ni de celle des Rhinolophes.

LOPHOSTOMA SYLVICOLUM.

Pl. VI. Sous le nom de *Lophostoma sylvicolum*, d'Orb., 1836.

Animal du même groupe que les Phyllostomes proprement dits, c'est-à-dire voisin par son système dentaire insectivore des *Phyllostoma spectrum* et *vampirus*, et différent au contraire des Stenodermes, Blainv., dont les molaires sont plus frugivores. Le crâne est suballongé, ainsi que les mâchoires, et celles-ci ont cinq paires de molaires supérieurement et six inférieurement, les deux antérieures les plus petites. Le nez est surmonté d'une feuille simple hastiforme. Les oreilles sont grandes, en cornet élevé et garnies intérieurement d'un oreillon échancré à sa base interne. La queue est beaucoup plus courte que la membrane interfémorale qui est au contraire ample et descend au niveau des ongles; sa dernière vertèbre est libre à la face supérieure de la membrane; les éperons qui soutiennent la membrane sont assez forts, mais de peu d'étendue. Le corps est couvert de poils doux et assez longs, surtout en dessus. Leur couleur est gris de souris brun en dessus et sur la tête, cendrée en dessous avec la région du cou un peu plus claire. Les poils de la face sont courts et bruns.

Voici les dimensions de ce cheiroptère :

Corps et tête	0,090.	Éperons	0,017.
Queue seule	0,013.	Avant-bras	0,055.
Membrane interfémorale	0,040.	Envergure	0,350.

Le groupe des *Lophostoma*, d'Orb., proposé pour cette seule espèce devra être placé parmi les Phyllostomes proprement dits (genres *Sturnira* et *Vampirus*, J. E. Gray).

L'espèce type est des grandes forêts qui bordent le pied oriental de la Cordillère bolivienne, au pays des sauvages Yuracarès. Elle attaque souvent les personnes endormies en plein air.

DESMODUS RUFUS.

Pl. VIII. Sous le nom de *Edostoma cinerea*, d'Orb., 1836.

Desmodus rufus, Maximilien, *Beiträge*, II, p. 233. J. B. Fischer, *Synopsis mammalium*, p. 140. De Blainville, *Ostéographie, Fascicule des Cheiroptères*, p. 16, etc.; pl. 7, etc.

Cette singulière espèce de chauve-souris n'était que fort incomplétement connue, lorsque la figure en a été publiée dans cet ouvrage; depuis lors son histoire a été beaucoup éclaircie par les travaux de M. de Blainville et de quelques autres mammalogistes, et il ne nous reste rien à ajouter à ce qu'ils ont dit, si ce n'est quelques détails sur ses mœurs.

Nos exemplaires sont de Santo-Corazon, province de Chiquitos en Bolivia. L'espèce vit autour des habitations et mord souvent les enfans endormis.

STENODERMA PERSPICILLATUM.
Pl. IX, fig. 7-9.

Vespertilio perspicillatus, Linn., *Mus. Adolph. Frid.*, p. 7. *Phyllostoma perspicillatum*, Ét. Geoffr., *Ann. du Mus. de Paris*, t. X, p. 176. P. Gerv. *in* Lasagra, *Hist. nat. et pol. de Cuba, Mamm.*, p. 32; *Stenoderma perspicill.*, Blainv., *Ostéographie, Cheiropt.*, p. 103, pl. 13.

Cette espèce est très-commune dans toutes les régions chaudes du centre de l'Amérique méridionale, où elle se tient dans les forêts. Nous l'avons surtout rencontrée à Guarayos et dans le Monte-Grande, province de Chiquitos (Bolivia).

NOCTILIO LEPORINUS.

Pl. IX, fig. 1-4. Sous le nom de *Noctilio rufipes*, d'Orb., 1836.

Noctilio leporinus, Linn., *Syst. nat.*, édit. 10, p. 32; *Noctilio americanus*, idem, ibid., édit. 12, p. 88.

Un nouvel examen nous fait considérer comme ne différant pas suffisamment du *Noctilio leporinus*, pour qu'on en fasse une espèce distincte, les noctilions de la figure citée.

Nous avons rencontré cette variété seulement dans les grandes forêts qui bordent le Rio de San-Miguel, au pays des sauvages Guarayos (Bolivia), tandis que les autres vivent toujours sous les toits des maisons, dans la province de Moxos. Cette différence dans les mœurs, jointe aux caractères distinctifs qui existent dans la taille et la teinte des ongles, nous l'ont fait désigner d'abord comme espèce nouvelle.

NOCTILIO AFFINIS.

Pl. X, fig. 1-2.

De couleur brun-cannelle assez claire, plus pâle en dessous qu'en dessus; un indice de raie plus claire longeant la ligne médio-dorsale et résultant plutôt de la disposition particulière des poils que d'un changement de couleur. Taille un peu moindre que celle du *Vespertilio leporinus* ou *rufipes*. Longueur de l'avant-bras 0,058 au lieu de 0,062 comme dans celui de Moxos.

Ce Cheiroptère ne nous paraît pas pouvoir être distingué spécifiquement du *Noctilio dorsatus*, Desm., *Mamm.*, pag. 118, qui est la *Chauve-souris brun-cannelle* d'Azara, *Mamm. du Paraguay*, t. II, p. 290. Quelques auteurs sont encore indécis si ce *Noctilio dorsatus* est une variété du *Noctilio leporinus* ou une espèce distincte.

Il habite sous les toits dans la province de Moxos (Bolivia). A Concepcion surtout, les individus sont très-nombreux et répandent dans l'air une forte odeur musquée.

MOLOSSUS VELOX.

Pl. XI, fig. 1-4. Sous le nom de *Mol. moxensis*, d'Orb., 1836.

Mol. velox, Temm., *Monogr. de mammalogie*, t. I, p. 234.

Les Molosses de Moxos et de Guarayos (Bolivia), figurés sous le nom d'une de ces localités dans notre atlas, ne paraissent pas différer du *Molossus velox* d'une manière assez considérable pour que nous les regardions comme une espèce distincte.

MOLOSSUS NASUTUS.

Pl. X, fig. 3-5. Sous le nom de *Molossus rugosus*, d'Orb., 1836.

Molossus nasutus, Spix, *Sim. et Vesp.*, p. 60, pl. 65, fig. 7; *Nyctinomus brasiliensis*, Is. Geoff., *Ann. des sc. nat.*, 1.ᵉ sér., t. I, p. 337, pl. 22; *Mol. nas.*, Temm., *Mon. de mamm.*, t. I, p. 233.

La chauve-souris de Corrientes (république Argentine) figurée dans notre atlas sous le nom de *Mol. rugosus* ne paraît pas différente du *Mol. nasutus* de Spix dont un des principaux caractères est d'avoir le nez crénelé sur son pourtour.

VESPERTILIO FURINALIS. [1]

La dentition de cette chauve-souris est celle-ci :

$$\frac{2}{3} \text{ incisives}, \ \frac{1}{1} \text{ canines}, \ \frac{4}{5} \text{ molaires}.$$

---

1. Les espèces de Vespertilio proprement dits et de Nycticées, qu'on a signalées dans l'Amérique méridionale, paraissent présenter dans leur système dentaire une série de modifications analogues à celles qu'on a constatées chez les Chauves-souris européennes et qui ont permis d'établir divers sous-genres parmi ces dernières. Malheureusement plusieurs Chauves-souris sud-américaines n'ont pas encore pu être observées sous le rapport de la dentition. On ignore encore la disposition des dents molaires chez les suivantes : *Vespertilio nasutus*, Shaw; *albescens*, Ét. Geoffroy, d'après d'Azara; *Maugei*, Desm.; *brasiliensis*, Desm.; *polythrix*, Is. Geoffr.; *lævis*, Is. Geoffr.; *nigricans*, Maxim.; *œnobarbus*, Temm.; *parvulus*, Temm., et *lacteus*, Temm.

Voici les noms des Vespertilions dont on a fait connaître la formule dentaire :

a. *Espèces à quatre molaires supérieures (de chaque côté) et cinq inférieures.*

Vespertilio Dutertrœus, P. Gerv., dans l'Hist. de Cuba de M. de la Sagra (habite l'île de Cuba). — *Vespertilio innoxius*, P. Gerv., dans la Partie zoologique du voyage de la *Bonite* (du Pérou). — *Plecotus velatus*, Is. Geoffroy, d'après des exemplaires dus aux recherches de MM. Aug. de Saint-Hilaire, d'Orbigny et Cl. Gay'. — *Vespertilio Hilarii*, Is. Geoffroy, d'après M. de Blainville, Comptes rendus de l'Acad. des sc.; Décembre 1837. — *Vespertilio noveboracensis*, d'après M. de Blainville, dans son *Ostéographie.*—*Vespertilio ferrugineus*, Temm., d'après M. Temminck, *Monogr. de mamm.* (de la Guyane hollandaise). Nous ajoutons à ces espèces le *Vespertilio furinalis*, décrit ci-dessus.

b. *Espèces à cinq molaires supérieurement et inférieurement.*

Vespertilio Blossevillei ou *bonariensis*, Less., Voyage. P. Gervais, dans l'Hist. de Cuba de M. de la Sagra'. — *Vespertilio ruber*, E. Geoffroy, la *Chauve-souris cannelle* d'Azara. D'après un exemplaire figuré dans cet ouvrage, il paraît que cette espèce ne présente que dès ⅔ incisives. — *Vespertilio leucogaster*, Temm., d'après l'observation de M. Temminck.

c. *Espèces à cinq paires de molaires supérieures et six inférieures :*

Furia horrens, Fréd. Cuvier, d'après F. Cuvier et M. de Blainville, dans son *Ostéographie* (de la

1. M. Temminck (*Monographies de mammalogie*, t. II, p. 241), donne à cette espèce cinq molaires en haut et six en bas, d'après des exemplaires qu'il a reçus de M. Natterer, sous le nom de *Vespertilio euryotis*. Nous n'avons pas en ce moment à notre disposition les matériaux nécessaires pour décider si l'erreur de détermination provient de nous ou du savant naturaliste de Leyde.

2. Cette espèce et le *Vespertilio noveboracensis*, qui lui ressemble beaucoup à l'extérieur, sont des Nycticées à membrane inter-fémorale velue.

Les incisives supérieures sont *inégales*; l'interne, de beaucoup la plus forte, est un peu bifide; la canine est assez longue et il n'y a que quatre molaires toutes fortes et dont la première répond à la carnassière caniniforme des autres chauves-souris. A la mâchoire inférieure les trois paires d'incisives sont serrées et obliques; la canine est forte, et il y a cinq paires de molaires dont l'antérieure est la plus petite. L'animal lui-même est de la taille du *Vespertilio ruber*, mais de couleur moins rousse. Il est brun-cannelle en dessus, plus pâle sous la gorge et lavé ou mêlé de gris sur le reste des parties inférieures du corps. L'oreille est de forme ordinaire, et son oreillon en couteau, assez semblable à celui de la Pipistrelle, mais un peu plus étroit vers son sommet. Le museau est large et le nez peu proéminent. Les membranes sont brunes, sauf le dessous de l'interfémorale qui est grisâtre et présente quelques *poils rares et courts de couleur blanchâtre*.

Longueur du corps et de la tête   0,045.
—   de la queue   0,027.
—   de l'avant-bras   0,038.

Cette espèce habite la province de Corrientes (république Argentine).

PLECOTUS VELATUS.

Plecotus velatus, Is. Geoffroy, *Mag. zool. de Guerin*, cl. 1; *id.*, *Ann. des sc. nat.*, 1.re série, t. III, p. 446; *Vespertilio velatus*, Temm., *Monogr. de mamm.*, t. II, p. 241, pl. 58, fig. 3; Gay et Gervais, *Hist. fisica e politica de Chile*, mamm., avec figure du crâne.

Le crâne nous a montré pour formule dentaire $\frac{2}{3}$ incisives, $\frac{1}{1}$ canines, $\frac{4}{4}$ molaires de chaque côté. La paire externe des incisives supérieures est très-petite; l'interne au contraire beaucoup plus forte et subbifide.

Nous avons rencontré cette espèce dans la ville même de Chuquisaca, capitale de la république de Bolivia, où elle est rare.

VESPERTILIO RUBER.
Pl. XI, fig. 5-6.

Chauve-souris onzième ou *cannelle*, Azara, *Hist. nat. mamm. du Paraguay*, édit. fr., t. II, p. 292; *Vespertilio ruber*, Geoffroy, *Ann. du Mus. de Paris*, t. VIII, p. 204; Desmarest,

---

Guyane française). — *Vespertilio euryotus*, Natterer, d'après M. Temminck, qui considère l'espèce comme identique avec son *Plecotus velatus*.

d. *Espèces à six paires de molaires supérieures et six inférieures*, variant dans leur forme et leur proportion, suivant les espèces.

Vespertilio lepidus, P. Gervais, d'après la description publiée dans l'Histoire de Cuba de M. de la Sagra, et celle de M. de Blainville, dans son *Ostéographie* (de Cuba). — *Vespertilio chiloensis*, Waterhouse, d'après la description insérée dans l'Histoire du Chili de M. Gay (des îles Chiloé et du Chili). — *Vespertilio arsinoë*, Temm., d'après la description de M. Temminck, dans sa *Monogr. de mamm.* (de Surinam). Nous ajouterons à cette section les *Vespertilio hypothrix* et *Isidori*.

Mammalogie, p. 143; *Vespertilion cannelle*, Temminck, *Monogr. de mammal.*, t. II, p. 255.

Les caractères assignés par d'Azara à sa chauve-souris onzième ou chauve-souris cannelle s'appliquent bien à l'individu que nous avons représenté. Notre chauve-souris cannelle est bien de couleur cannelle et sa teinte est à peu près la même sur tous les points du corps; le dessus néanmoins est un peu plus foncé et le dessous un peu lavé de plus clair. La base des poils est brunâtre en dessous; les poils du dessus sont à peu près unicolores. Les membranes alaires et interfémorale sont brunâtres, un peu transparentes, à nervures assez nombreuses. L'interfémorale assez grande et subcarrée embrasse presque entièrement la queue; elle est soutenue par des éperons assez forts, mais qui ne font cependant que la moitié du bord libre entre chaque patte et la queue. Les oreilles sont nues, en cornet de médiocre grandeur, non rapprochées sur la ligne médiane et pourvues intérieurement d'un oreillon en couteau un peu plus grêle que celui du *Vespertilion pipistrelle* d'Europe.

Longueur du corps et de la tête	0,032.
— de la queue	0,028.
— de l'oreillon	0,005.
— de l'avant-bras	0,038.
— du tibia	0,016.

Le crâne du *Vespertilio ruber* est assez court et présente dans la partie faciale quelque chose de celui du *Plecotus*. Son système dentaire est fort particulier.

Incisives $\frac{1}{2}$, canines $\frac{1}{1}$, molaires $\frac{5}{3}$ de chaque côté.

Nous ne voyons en effet à la mâchoire supérieure qu'une seule paire d'incisives, lesquelles sont assez fortes; une paire de canines et cinq paires de molaires, dont la première plus petite que les autres, mais sur le même rang qu'elles, et les autres fortes et épaisses; la dernière est comme d'habitude transversale. A la mâchoire inférieure nous n'apercevons que deux paires d'incisives au lieu de trois, comme dans les autres *Vespertilions*; un très-petit espace vide sépare ces molaires de la canine. Après celle-ci viennent les molaires au nombre de cinq, deux fausses et trois vraies; la première des cinq est plus petite que les autres.

Nous n'osons pas affirmer qu'il ne manque pas à cet exemplaire une paire d'incisives que présenteraient d'autres chauves-souris de la même espèce.

Cependant cette disposition est conforme à ce que d'Azara rapporte. Voici comment M. Temminck (*Monographie de mammalogie*, t. II, p. 255) parle de l'indication fournie par ce naturaliste : « les dents, *s'il faut en croire l'auteur espagnol*, auraient une seule incisive en haut et de chaque côté, laissant un espace vide au milieu, et puis deux réunies en bas : *formule dentaire que nous présumons mal observée ou mal indiquée.* »

Page 258 du même volume de sa Monographie, M. Temminck cite le *Vespertilio ruber* figuré dans notre atlas, mais sans faire remarquer que c'est celui dont il vient de parler trois pages plus haut.

Habite la province de Corrientes (république Argentine), où elle est rare.

VESPERTILIO HYPOTHRYX.

De la taille et de l'apparence du *Vespertilio mystacinus* d'Europe et pourvu également de six paires de molaires à chaque mâchoire. Face suballongée, subaplatie, peu velue, narines écartées avec un sillon longitudinal sur la ligne médiane du nez; oreilles en cornet étroit, un peu échancré au bord externe. Oreillon allongé, étroit, en couteau rétréci vers son sommet. Membranes non velues, si ce n'est en dessous de la partie interfémorale où l'on voit quelques petits poils épars de couleur grise. Les poils du corps sont brun-enfumé, plus foncés en dessus qu'en dessous, où ils sont mêlés de quelques poils gris. Les poils des moustaches sont petits et peu nombreux.

Longueur de l'avant-bras 0,033.
— du corps et de la tête 0,050.
— de la queue 0,032.

Nous avons dit que cette espèce était du nombre des Vespertilions à molaires $\frac{6}{6}$.

Ses incisives inférieures ne sont pas très-larges; sa canine n'a qu'un faible bourrelet au collet, sans talon épineux en avant; sa première fausse molaire est presque de même forme que la carnassière inférieure des felis et un peu plus forte que la seconde.

Elle est assez commune dans la province de Moxos (Bolivia), c'est-à-dire dans les plaines chaudes et boisées du centre du continent méridional.

VESPERTILIO ISIDORI.

Espèce à $\frac{2}{3}$ incisives, $\frac{1}{1}$ canines et $\frac{6}{6}$ molaires de chaque côté. Ses incisives supérieures sont assez fortes, subégales, un peu bifides : elles sont séparées par un petit intervalle de la canine. La première molaire de la même mâchoire est plus forte que la seconde; inférieurement, les incisives sont larges, sans intervalle; la canine a un petit talon épineux en avant et un en arrière réunis l'un à l'autre par un petit bourrelet qui longe le collet de la dent; la première fausse molaire est un peu plus forte que la seconde.

L'oreille a la forme la plus ordinaire et son oreillon est en couteau subaigu; les narines sont peu saillantes. La tête est médiocrement allongée et les poils du corps présentent en dessus un glacé gris-fauve dû à leur partie terminale qui est de cette couleur, tandis que le reste de leur longueur est brun-noir. Le brun est plus franc aux épaules et sur les côtés du cou; la tête est aussi plus brune que le dos et les reins, mais moins que les épaules. Les joues et le dessous du cou passent au brun-cannelle. Le ventre est gris sale avec la base des poils brun-noir. Il n'y a point de poils sur les membranes.

Longueur de la tête et du corps 0,040.
— de la queue 0,028.
— de l'avant-bras 0,033.

Cette petite chauve-souris est voisine du *Vespertilio mystacinus* d'Europe par plusieurs de ses caractères. Elle a été prise à Corrientes (république Argentine).

ORDRE DES AMPHIBIES.

L'un de nous a nommé *Thalassothériens*[1] les mammifères de genres essentiellement marins, c'est-à-dire les phoques ou amphibies, les gravigrades aquatiques ou cétacés herbivores, et les cétacés proprement dits : trois groupes d'animaux fort différens, par l'ensemble de leurs caractères, des autres espèces de la même classe et qui offrent cette particularité remarquable que toutes leurs espèces ou presque toutes vivent dans les eaux de la mer; les autres mammifères ou les *Géothériens* sont au contraire destinés à vivre sur terre[2] ou dans les eaux douces.

Les mammifères géothériens qui visitent les côtes de l'Amérique méridionale, échappent aux règles de géographie mammalogique dont nous avons parlé. On sait en effet maintenant qu'il y a une répartition hydrographique de ces animaux en rapport avec celles des grands bassins maritimes, dont ils constituent la population. Aussi les Thalassothériens des côtes équinoxiales de l'Amérique diffèrent-ils spécifiquement, suivant qu'on les étudie dans l'Atlantique ou dans le grand Océan.

PHOCA PROBOSCIDEA.

Phoca leonina, Linné, *Syst. nat.*, édit. 12, p. 55; *Phoca proboscidea*, Desm., *Mammal.*, p. 238; J. B. Fischer, *Synops. mamm.*, p. 234; *Macrorhinus proboscideus*, F. Cuvier, *Dict. des sc. nat.*, t. XXXIX, p. 552.

Cette espèce vient tous les ans sur les plages sablonneuses de *Punta rasa*, près de l'embouchure du Rio Negro en Patagonie. Nous avons décrit ses mœurs et la pêche dont elle est l'objet, *Partie historique*, t. II, p. 57 et suivantes.

OTARIA JUBATA.

Phoca jubata, Schreber; *Otaria jubata*, Desmarest, *Mamm.*, p. 248.

Nous avons rencontré cette espèce sur les côtes rocailleuses de la Patagonie septentrionale au sud du Rio Negro. Ses mœurs sont décrites, *Partie historique*, t. II, p. 140 et suivantes.

OTARIA PORCINA.

M. Tschudi a récemment signalé sur les côtes du Pérou une espèce d'otarie différente de l'*Otaria jubata*. Il la désigne et la représente sous le nom d'*Otaria Ulloœ*. Le crâne

---

1. *Ann. des sc. nat.*, 3.ᵉ sér., 1846.

2. L'*Inia boliviensis*, qui est un dauphin d'eau douce, découvert dans l'Amérique méridionale par M. Alc. d'Orbigny, et l'*Enhydra marina*, qui est une loutre essentiellement marine de la côte nord-ouest d'Amérique, sont les principales exceptions que l'on puisse signaler à cette grande règle de la répartition géographique des mammifères.

d'un individu du même lieu qui a été rapporté au Muséum de Paris par M. d'Orbigny indique aussi une espèce différente de l'*O. jubata* ou tout au moins une variété fort distincte. Serait-ce l'*Otaria Ulloæ* de M. Tschudi, le *Phoca porcina* de Molina ou quelque autre des espèces également mal connues que l'on a signalées ? C'est un point que l'état actuel de nos connaissances sur les Otaries ne permet pas de décider, mais sur lequel nous devions appeler l'attention des naturalistes.

Comme il n'y a bien certainement qu'une seule espèce d'Otarie sur toute la côte du Chili et du Pérou, il paraît certain que l'espèce signalée par Molina, ainsi que l'*O. Ulloæ* de M. Tschudi, et le crâne que nous avons rapporté, appartiennent à cette même espèce.

ORDRE DES CARNIVORES.

Les Carnivores de l'Amérique méridionale ne sont pas nombreux : ce sont une, ou, d'après MM. Roulin et Tschudi, deux espèces d'*Ours*, quelques *Plantigrades*, voisins des Ours, tels que le *Kinkajou*, le *Coati* et le *Raton*, des *Mustéliens*, à part les deux espèces du genre *Galictis*, des *Mephitis*, diverses espèces de *Loutres*, des *Canis* et des *Felis*, mais aucune espèce des genres *Mangusta* et *Viverra*, dont les nombreux représentans sont tous de l'ancien monde. Le genre *Bassaris*, qui vit au Mexique, est le seul carnassier d'Amérique qui ait de l'analogie avec les Viverriens.

URSUS ORNATUS.

Ursus ornatus, F. Cuv., *Hist. nat. des mamm.*, avec fig.; Blainv., *Ostéogr.*, genre *Ursus*, p. 25, pl. 4, etc.

Cette espèce, connue en Bolivia sous le nom d'*Ujumari*, habite surtout le sommet des montagnes boisées et tempérées élevées seulement de 3500 mètres au-dessus du niveau de la mer. Elle se trouve dans les provinces de Yungas, de Sicasica, de Cochabamba et de Chuquisaca, où elle est très-rare.

CERCOLEPTES CAUDIVOLVULUS.

Cercoleptes caudivolvulus, Illiger. J. B. Fischer, *Synopsis mamm.*, p. 150.

Elle est rare, et nous ne l'avons trouvée qu'au sein des forêts chaudes et humides du pied oriental des Andes boliviennes au pays des Yuracares.

NASUA.

On a dans quelques ouvrages admis l'existence de plusieurs espèces de Coatis, mais il a été jusqu'ici impossible de trouver dans les caractères organiques de ces animaux la preuve de cette opinion. Aussi M. de Blainville (*Ostéographie*, genre *Subursus*, p. 20) n'admet-il qu'une seule espèce de Coatis.

Cependant nous avons été à portée de voir souvent des Coatis, et nous pouvons affir-

mer qu'il existe des espèces distinctes, qui se séparent en troupes particulières et ne vivent Mammi-
fères.
pas dans les mêmes lieux. Par exemple le *Nasua rufa* ne sort pas des régions tropicales
dont il habite les forêts les plus chaudes, tandis que le *Nasua fusca*, tout en habitant
les régions chaudes, s'avance vers le sud jusqu'au 30.ᵉ degré de latitude, et s'élève
également bien plus haut sur les montagnes. Jamais les deux espèces ne se mêlent, à
l'état sauvage, dans toutes les parties américaines que nous avons parcourues.

PROCYON CANCRIVORUS.

Raton crabier, Buffon, *Hist. nat.*, *suppl.*, t. VI, p. 236, pl. 32; *Agouara popé*, d'Azara,
   Hist. nat. mamm. Paraguay, t. I, p. 327; *Procyon cancrivorus*, Desmarest, *Mammal.*,
   p. 169.

Cette espèce habite la zone torride et s'étend vers le sud jusqu'au 30.ᵉ degré de latitude. Nous l'avons rencontrée à Corrientes (république Argentine) et à Chiquitos (république de Bolivia), où partout elle est très-rare.

MEPHITIS CASTANEUS, Nob.

Pl. XII et Pl. XIII, fig. 2, sous le nom de *Mephitis Humboldtii.*

Conepatus Humboldtii? J. E. Gray, *Loudon's Magaz. of nat. hist.*, 9.ᵉ série, t. I, p. 581,
   1837; *Mephitis Humboldtii*, Blainville, *Ostéographie*, genre *Mustela*, p. 41, pl. 13.

M. de Blainville qui a parlé dans son *Ostéographie* des dents de l'une des Moufettes
de cette espèce, la considère comme étant la même que celle indiquée peu de temps
avant par J. E. Gray sous le nom de *Mephitis Humboldtii.* Plusieurs animaux, semblables
à celui que M. de Blainville nomme ainsi, ont été déposés dans les Galeries du Muséum.
Leur taille est plus petite que celle des Moufettes des États-Unis et des parties chaudes
de l'Amérique méridionale. Leur nez est assez proéminent dans sa partie dénudée, mais
leur tête est large, leurs oreilles sont courtes, velues et assez largement ouvertes; ils
ont les ongles antérieurs bien plus longs que les postérieurs et leurs pattes sont presque
aussi velues que l'avant-bras et la jambe; toutefois la paume est en partie nue, ainsi
que le dessous des doigts antérieurement et en arrière la moitié de la plante et le dessous
des doigts sont dans le même cas. La fourrure du corps et de la queue est abondante,
assez longue, accompagnée à la base d'une bourre laineuse et généralement de couleur
brun-marron. Le blanc forme une double ligne qui commence à la base du cou ou sur
le dessus de la tête entre les oreilles, mais pas sur la ligne médiane, se rapproche sans
se réunir vers les épaules et s'écarte plus en arrière pour finir vers la région lombaire;
certains individus ont le manteau, c'est-à-dire la région comprise entre les lignes blanches d'une teinte plus claire. Les poils de la queue sont longs, touffus et plus durs
que ceux du dos; la plus grande portion de leur partie cachée est de couleur blanchâtre : leur dernier tiers ou à peu près est au contraire de la couleur marron du dos,
mais un peu plus foncée. La couleur marron de la tête est également un peu plus foncée
que celle du reste du corps; le dessous de la gorge, la poitrine et le ventre sont au

contraire plus pâles et plus ternes. Toutefois le lustre des poils, ainsi que la teinte foncée reparaissent à la région anale et à la face interne des membres.

Ces petites Moufettes ont la même forme du crâne que les autres ou à peu près, mais elles diffèrent par leur système dentaire de la majorité des espèces de ce genre. Leur mâchoire supérieure n'a que trois paires de molaires.

$$\text{Longueur du corps et de la tête} \qquad 0,24.$$
$$\text{— de la queue seule} \qquad 0,15.$$

M. Gray a donné son *Conepatus Humboldtii* comme étant le *Mephitis Conepatl*, Desm. (sans doute la Moufette Conepatl d'Hernandez), qui est des régions équatoriales de l'Amérique, tandis que nos Moufettes viennent des parties australes de ce continent. Ce fait et quelques différences existant entre les caractères indiqués par M. Gray et ceux des individus que nous décrivons nous fait supposer que notre espèce est probablement différente. Aussi lui donnerons-nous jusqu'à preuve du contraire le nouveau nom de *Mephitis castaneus*.

LUTRA PLATENSIS.
Pl. XV.

Lutra platensis, Waterhouse *in* Darwin, *Voyage du Beagle*, Mamm.

Les caractères de cette espèce ont été décrits par M. Waterhouse. Nous avons reproduit la figure qu'il a publiée de son crâne.

Elle habite tout le cours du Rio Parana depuis Buenos-Ayres jusqu'au-dessus de Corrientes. Elle est surtout commune dans cette dernière province.

MUSTELA (PUTORIUS) BRASILIENSIS.
Pl. XIII, fig. 3.

Mustela brasiliensis ? Sevastianoff, *Mém. de l'Acad. de Saint-Pétersbourg*, t. IV, p. 56, pl. 4; J. B. Fischer, *Synopsis mammalium*, p. 222.

Nous avons fait figurer le crâne de cette espèce pour montrer que son système dentaire la rapporte au genre des Putois. Son crâne est long de 0,075.

MUSTELA (LYNCODON) PATAGONICA.
Pl. XIII, fig. 4.

Putois du Chili, Blainv., *Ostéogr.*, genre *Mustela*, p. 42, ou *Putois du Paraguay*, id., *ibid.*, p. 81, pl. 13 (sous le nom de *M. patagonica*). Sous-genre *Lyncodon*, P. Gervais, *Dict. univ. d'hist. nat.* de Ch. d'Orbigny, t. IV, p. 685 (article *Dents*).

Le crâne figuré est la seule partie que nous connaissions de l'animal dont il est ici question; il indique une espèce plus petite que le Putois (*Mustela putorius*) et plus grande que l'hermine (*Mustela erminea*), mais distincte de toutes celles du genre Putorius par son système dentaire. Elle n'a en effet au lieu de $\frac{4}{5}$ molaires que $\frac{3}{3}$ molaires, c'est-à-dire trois paires à chaque mâchoire. Cette disposition remarquable rappelle le système dentaire des Lynx, et c'est ce que nous avons voulu indiquer par le nom de *Lyncodon*.

Ce crâne est long de 0,050.

Nous avons rencontré cette espèce près du Rio Negro en Patagonie, où elle est très-rare.

FELIS ONÇA.

Yaguareté, Azara, *Mamm. du Paraguay*, édit. fr., t. 1, p. 114. *Felis onca*, Linn.; J. B.
Fischer, *Synopsis mammalium*, p. 198. F. Cuv., *Hist. nat. des mamm.*

Cette espèce, si connue, ne s'avance vers le sud que jusqu'au 40.° degré de latitude,
et dépasse rarement, dans les Pampas, les environs de la chaîne du Tandil. Les individus qui atteignent ces régions australes sont ordinairement d'un jaune presque blanc.

FELIS CONCOLOR.

Couguar, Buffon, *Hist. nat.*, t. IX, pl. 19. *Felis concolor*, Linn., etc. J. B. Fischer,
Synops. mamm., p. 197. *Gouazouara*, D'Azara, *Mamm. du Taraguay*, édit. fr., t. 1,
p. 333.

Le Cougouar s'avance beaucoup plus vers le sud que le Jaguar, et les Indiens patagons
nous ont assuré qu'il habite jusqu'au détroit de Magellan. Nous le croyons d'autant plus
volontiers qu'il vit également sur les montagnes de Bolivia, où le Jaguar n'arrive jamais.

FELIS GEOFFROYI.
Pl. XIV et Pl. XIII, fig. 1.

Felis Geoffroyi, Al. d'Orb. et P. Gervais, *Bull. de la soc. philom. de Paris*, 1844, p. 40
(6 Mai) et Journ. *l'Institut*, même année.

Cette espèce est voisine par ses caractères principaux de l'Ocelot, du Chati et du
Marguay; elle est de taille un peu supérieure à ce dernier, de proportions moins trapues
que tous trois et distincte des uns et des autres par les taches nombreuses ponctiformes
et noirâtres qu'elle présente sur tout le corps, y compris les épaules et sur une grande
partie des cuisses. Sous ce rapport notre *Felis Geoffroyi* a une analogie réelle avec le
Felis Guigna de Molina, qui est ainsi caractérisée :

*Fulva, maculis rotundis, diametri circa 5 lin., nigris, dorsum ad caudam usque occu-
pantibus; magnitudo et figura Cati.*

Mais qu'est-ce que le *Felis Guigna* ? Les renseignemens trop peu significatifs de Molina
ne permettent pas de le dire et les notes publiées depuis lui par M. Pœppig[1] n'ont
pas éclairci la synonymie de cette espèce. Les auteurs de la Mammalogie du Chili
publiée dans l'Histoire physique et politique du pays n'ont pas obtenu un résultat plus
satisfaisant.

Les taches de notre *Felis Geoffroyi* sont pleines, petites, disposées en séries obliques
et semblent prêtes, dans certains endroits, à se continuer linéairement, ce qui toutefois
n'a pas lieu. Elles ne forment pas d'encadremens comme celles des espèces citées. Sur
la tête et derrière le cou, elles sont remplacées par des lignes; celles-ci sont mieux for-

---

1. *Bull. univ. de Féruss.*, t. XIX, p. 99, et *Froriep's Notizen*, 1829, n.° 529.

mées au cou qu'à la tête. Il y a deux barres génales, dont la première ou l'inférieure se termine à la hauteur de la première bande transversale du devant du cou. Cette bande ou collier est plus forte et plus écartée que les quatre autres bandes transversales qui sont au-dessous d'elle, également sur la partie antérieure du cou. Deux bandes noirâtres existent à la face interne de l'avant-bras; le dessous du corps présente quelques bandes moins foncées que celles des autres parties. La queue est annelée par la transformation en anneaux de mieux en mieux définis des taches dorsales. Les deux ou trois premiers de ses anneaux sont encore formés de taches ponctiformes, disposées assez irrégulièrement; les onze suivans sont mieux arrêtés, mais ils sont incomplets en dessous; six d'entre eux, les six postérieurs, sont seuls bien réguliers; le dernier de tous est à peu près terminal. Le fond du pelage est gris-fauve en dessus, gris-blanchâtre en dessous; le blanc et le fauve y sont moins tranchés que dans l'Ocelot, le Chati et le Marguay, auquel M. Pœppig rapporte, bien que dubitativement, le *Felis Guigna*. L'oreille de notre espèce a une grande tache blanche à sa face postérieure, près du bord externe; le menton est blanchâtre, le sourcil jaune-clair et la face postérieure des carpes et des tarses brunâtre.

Longueur du corps et de la tête	0,55.
— de la queue	0,32.
— de la partie basilaire du crâne	0,098.

Le crâne a beaucoup de ressemblance avec celui de l'Ocelot.

Cette espèce, dont trois exemplaires sont déposés au Muséum de Paris, a été prise sur les bords du Rio Negro.

Elle habite les Pampas de Buenos-Ayres jusqu'au 44.ᵉ degré de latitude sud. Elle est surtout commune sur les bords du Rio Negro en Patagonie, où elle se tient dans les joncs. Elle fait la chasse aux différentes espèces de Tinamous et à l'Eudromie.

FELIS PAGEROS.

Chat Pampa, d'Azara, *Mammif. du Paraguay*, édit. fr., t. I, p. 129. *Felis pageros*, Desm., *Mammal.*, p. 231. Waterhouse, *in* Darwin, *Voyage du Beagle*, *Mamm.* P. Gervais, *in* Eydoux et Souleyet, *Voyage de la Bonite*, *Zool.*, t. I, p. 34, pl. 7, fig. 1, 2. D'Orbigny, et P. Gervais, *in* Guerin, *Mag. zool.*, cl. I, pl. 20, 1844.

On trouve cette espèce du 35.ᵉ au 45.ᵉ degré de latitude sud, dans les petits bois des régions désertes de la Patagonie. Elle est surtout commune près des rives du Rio Negro.

CANIS JUBATUS. [1]

Aguara guazu, d'Azara, *Mamm. du Paraguay*, t. I, p. 307. *Canis jubatus*, Desmarest,

---

1. Les *Canis* de l'Amérique méridionale sont encore assez imparfaitement connus et leur diagnostique paraît assez difficile. Plusieurs auteurs anglais, MM. J. E. Gray, Waterhouse, Hamilton Smith, s'en sont déjà occupés, et l'on est sur la voie d'une caractéristique complète de ces animaux. Assez récemment M. de Blainville (*Ostéographie*, genre *Canis*) a signalé sous le nom de

Mammalogie, p. 198. *Canis campestris*, Maxim., *Beiträge*, II, p. 334. Blainville, *Ostéographie*, genre *Canis*.

Nous l'avons rencontrée dans toutes les régions chaudes de l'Amérique méridionale et vers le sud jusqu'au 41.ᵉ degré de latitude sud. Elle n'est commune nulle part.

CANIS AZARÆ.

Aguarachay, d'Azara, *Mamm. du Paraguay*, t. I, p. 317. *Canis Azaræ*, Maximilien, *Beiträge*, II, p. 338. Waterhouse *in* Darwin, *Voyage du Beagle, Mamm.*

D'après les recherches des naturalistes anglais, il est admis aujourd'hui que l'on a confondu sous ce nom plusieurs espèces répandues dans les différentes parties de l'Amérique méridionale, depuis la Nouvelle-Grenade et la Guyane jusqu'au Chili et aux Malouines. Voir à cet égard les publications de MM. Waterhouse, Gray, Hamilton Smith, etc.

CANIS CANCRIVORUS.

Chien des bois, Buffon, *Hist. nat.*, *Suppl.*, t. VII, p. 146, pl. 38. *Canis cancrivorus*, Desm., *Mamm.*, p. 199.

Il est rare dans la province de Chiquitos en Bolivia.

ORDRE DES MARSUPIAUX ou DIDELPHES.

La tribu des Sarigues est exclusivement propre à l'Amérique; la Monographie qu'en a faite M. Waterhouse, dans son ouvrage sur les Marsupiaux, dans le *Naturalist's library* et dans son *History of mammals*, nous dispense d'entrer à leur égard dans des détails descriptifs.

ORDRE DES RONGEURS.

Les Rongeurs, nombreux partout, le sont principalement dans l'Amérique méridionale; leurs espèces sont toutes distinctes de celles des autres régions et souvent même elles constituent des genres ou même de petites familles qu'on ne retrouve point ailleurs. Les derniers travaux des mammalogistes, ceux de F. Cuvier, de M. Is. Geoffroy Saint-Hilaire et de quelques autres zoologistes en France, ceux de M. Waterhouse en Angleterre, et d'autres encore, ont beaucoup avancé nos connaissances zoologiques sur les Rongeurs. Nous ne parlerons ici que d'un petit nombre d'espèces; notre travail au contraire en aurait fait connaître un bien plus grand nombre, s'il avait pu paraître il y a quelques années.

Canis brachyteles une espèce dont le crâne et la peau ont été rapportés au Muséum de Paris par M. Aug. de Saint-Hilaire, sous le nom de *Guaracha* ou *Guarachaim*. Cet animal méritait déjà d'être signalé d'une manière toute spéciale aux recherches des naturalistes.

SCIURUS IGNIVENTRIS. [1]

Sciurus igniventris, Natterer *in* Andr. Wagner, *Ann. and Mag. of nat. hist.*, t. XII, p. 44.

Cette espèce est voisine par son crâne du *Sc. stramineus*, P. Gervais, *in* Eydoux et Souleyet, *Voyage de la Bonite, Zool.*, t. I, p. 37, et doit entrer dans la même section.

Nous l'avons observée dans la province de Chiquitos (Bolivia), c'est-à-dire dans les régions chaudes du centre du continent. Elle est très-rare.

ELIGMODONTIA TYPUS.

Eligmodontia typus, F. Cuvier, *Ann. des sc. nat.*, 2.ᵉ série, t. II (d'après un exemplaire recueilli par M. d'Orbigny).

Nous avons rencontré cette espèce dans la province de Corrientes, où elle est peu commune.

OCTODON GLIROIDES.
Pl. XVI.

Octodon gliroides, P. Gervais et d'Orbigny, *Bull. de la soc. philom. de Paris*, 1844, p. 22 (9 Mars) et Journal *l'Institut*, même année.

La nature et la couleur des poils de cette espèce, rappellent à la fois par leurs caractères ceux du Loir (*Myoxus glis*) et du Chinchilla. Les poils sont doux au toucher, gris-cendré en dessus, blancs en dessous; la queue est brun-noirâtre en dessous, complétement terminée de la même couleur et un peu en balai; le dessus des pattes est blanc. Ces couleurs suffisent pour faire distinguer tout d'abord l'*Octodon gliroides* de l'espèce du Chili plus anciennement connue et que l'on a nommée *Octodon degus* ou *Cumingii* (*Mus degus*, Molina) dont il offre à peu près la taille et les proportions. Il s'en distingue aussi par la forme de ses molaires qui sont un peu moins allongées, surtout celles de la quatrième paire ou les postérieures; celles-ci ont leurs replis moins obliques. Les molaires supérieures sont plus triangulaires que dans l'*O. degus*; les inférieures au contraire sont plus régulièrement en forme d'un *huit* arabe, sauf la postérieure, dont la partie éburnée est virguliforme et à échancrure externe et non interne comme dans l'*O. degus*. Dans ce dernier, la même paire de dents molaires, soit à la mâchoire supérieure, soit à l'inférieure, diffère moins des précédentes que dans notre *Octodon gliroides*, aussi bien par sa forme que par son volume.

Longueur du corps et de la tête   0,16.

—— de la queue   0,12.

L'*Octodon gliroides* a été recueilli près de la Paz dans les Andes boliviennes. Il vit au milieu des Cactus, dans les haies des jardins de la ville, au niveau de 3700 mètres au-dessus de l'Océan.

---

1. Le genre Écureuil est loin d'être aussi commun dans l'Amérique méridionale que dans l'Amérique septentrionale et dans l'Inde. Toutefois il a été constaté à la Nouvelle-Grenade, dans plusieurs parties du Brésil, au Pérou, à Chiquitos en Bolivie.

OCTODON DEGUS.

Mus degus, Molina, *Hist. du Chili. Octodon Cumingii*, Bennett, *Proceed. zool. soc. London*, 1832, p. 46. *Idem*, *Trans. zool. soc. London*, t. II, p. 81, pl. 16. *Dendrobius degus*, Meyen, *Nova acta nat. curios.*, t. XVII, avec planches.

Espèce très-commune dans la campagne aux environs de Santiago au Chili.

CTENOMYS BRASILIENSIS.
Pl. XVII.

Ctenomys brasiliensis, Blainv., *Bull. de la soc. philom. de Paris*, 1826, p. 62. *Idem*, *Ann. des sc. nat.*, 1.ʳᵉ série, t. IX, p. 97.

Cette espèce habite les régions chaudes de l'Amérique méridionale. Nous l'avons successivement recueillie dans la province de Corrientes (république Argentine) et près de Santa-Cruz de la Sierra (Bolivia).

CTENOMYS MAGELLANICA.

Ctenomys magellanica, Bennett, *Proceed. zool. soc. London*, 1835, p. 190. *Idem*, *Trans. zool. soc. London*, t. II, p. 84, pl. 17.

Cette espèce diffère du *Ctenomys brasiliensis* par quelques particularités assez faciles à saisir par la petitesse de ses molaires et surtout par une forme un peu différente de l'enveloppe de l'émail.

Elle est répandue sur tous les terrains sablonneux arides et secs de la Patagonie septentrionale, où elle laboure le sol de manière à rendre très-dangereux les voyages à cheval.

DASYPROCTA NIGRICANS.

Dasyprocta nigricans, Natterer *in* Andr. Wagner, *Ann. and mag. of nat. hist.*, t. XII, p. 45.

On rencontre cet agoûti dans les régions chaudes de l'Amérique méridionale. Il vit également dans les plaines et sur les montagnes, où partout il est redouté du cultivateur.

DOLICHOTIS PATAGONICA.

Lièvres du port Désiré, J. Narborough, *Voyages to the streights of Magellan*, p. 33. *Lièvre Pampa*, d'Azara, *Mamm. du Paraguay*, trad. fr., t. II, p. 51. *Cavia patagonica*, Shaw, *Gen. zool.*, t. II, p. 266, pl. 165. *Dasyprocta* (Dolichotis) *patagonica*, Desmarest, *Mammalogie*, p. 358. *Mara magellanica*, Lesson, *Centurie de zoologie*, p. 113, pl. 42.

La dentition de cette espèce a été figurée dans l'*Iconographie du règne animal*, éditée par Crochard, *Mammif.*, d'après un des crânes rapportés par M. d'Orbigny. Les molaires ont une analogie presque complète avec celles des Kerodons, genre établi parmi les Cavia par Fréd. Cuvier.

On le trouve sur toutes les plaines orientales sèches et arides de la Patagonie septentrionale, surtout près des rives du Rio Negro. On le rencontre encore à ce qu'il paraît jusqu'aux environs de Cordova (république Argentine).

CAVIA AUSTRALIS.
Pl. XVIII, fig. 1-4.

Cavia australis, Is. Geoffroy et d'Orbigny *in Guérin*, *Mag. de zoologie*, 1833, pl. 12.
P. Gervais, *Dict. univ. d'hist. nat. de Ch. d'Orbigny*, t. IV, p. 40.

Poils médiocrement longs, doux au toucher, annelés de gris, de jaune paille et de noirâtre sur la tête, le cou, le dos et le croupion, qui paraissent olivâtre cendré; les flancs brun-grisâtre, le devant du cou et une partie du dessous gris-cendré; gorge blanchâtre, ainsi que plusieurs parties de la région pectorale et ventrale; pattes grises, à ongles noirs assez aigus, au nombre de quatre en avant et de trois en arrière; moustaches noirâtres.

Les jeunes ont le pelage plus moelleux, un peu plus long et plus uniformément gris.
Longueur du corps et de la tête environ 0,18.

L'inspection des caractères ostéologiques de ce Cobaye confirme parfaitement sa distinction spécifique. Ils présentent même une certaine analogie avec ceux des Kérodons. Le crâne est plus court que celui de l'*Aperea* du Brésil, sa région antémolaire est plus étroite, son trou sous-orbitaire est plus régulièrement triangulaire et les caisses auditives sont bien plus renflées. Le volume de ce crâne, comparé à celui de l'*Aperea*, est aussi d'un tiers moindre. Ses incisives sont blanches en avant et ses molaires sont en doubles cœurs aussi réguliers que ceux qui caractérisent les Kérodons.

Nous l'avons recueilli aux environs de Rio Negro en Patagonie.

CAVIA FLAVIDENS.
Pl. XVIII, fig. 6-7.

Cavia flavidens, Brandt, *Mém. de l'Acad. impér. de Saint-Pétersbourg* pour 1834 et 1835, p. 436. P. Gervais, *Dict. univ. d'hist. nat. de Ch. d'Orbigny*, t. IV, p. 40.

Un peu plus petit que le *Kerodon moco*, à dents incisives de couleur fauve en avant; à dos brun jaunâtre assez luisant, mêlé de brun pâle; dessus de la tête et une bande au-dessous des yeux et des oreilles plus foncée, noirâtre; gorge et parties inférieures du corps blanc-jaunâtre un peu sale; devant du cou cendré; pieds brun-jaunâtre comme les flancs. Le système dentaire molaire, comparé à ceux de l'aperea et du cochon d'Inde domestique, présente quelques légères différences dans la disposition des replis confirmant la distinction qui a été faite de cette espèce par M. Brandt, d'après la considération seule de ses caractères extérieurs. La taille est un peu supérieure à celle de l'*Aperea*. La longueur du corps égale environ 0,23.

Nous l'avons rencontré sur toutes les montagnes de la Bolivia, comprises entre Cochabamba, Chuquisaca et la ville de la Paz. Elle se tient dans les limites de 3000 à 4500 mètres au-dessus du niveau de l'Océan.

ORDRE DES RUMINANS.

Famille des CERFS.

Le grand genre *Cervus* de Linné est représenté dans l'Amérique méridionale par un nombre d'espèces plus considérable qu'on ne l'avait cru jusque dans ces derniers temps. Outre les cerfs décrits par d'Azara et dont nous allons parler (*Cervus paludosus, campestris* et *simplicicornis* ou *rufus* et *nemorivagus*), cette vaste partie du nouveau monde nourrit encore le *Cervus antisensis*, d'Orb., et plusieurs autres, dont voici les noms : *Cervus virginianus*, Gmel. (une variété de cette espèce a été rapportée de Colombie par M. Roulin). — *Cervus Goudotii*, Gerv., des hautes régions de la Colombie. — *Cervus chilensis*, Gay et Gerv., voisin de l'*Antisensis*; peut-être l'*Equus bisulcus* de Molina. — *Cervus spinosus*, Gerv., de la Guyane. — *Cervus pudu*, Gerv., ou le *Capra pudu* de Molina, et le *Cervus humilis* de Bennett.

CERVUS PALUDOSUS.

Guazu pucu, d'Azara, *Essai sur les quadrupèdes du Paraguay*, t. I, p. 70 de l'édit. fr.
Cervus paludosus, Desmarest, *Mammalogie*, p. 443.

Il se tient seulement dans les marais du centre du continent; nous l'avons rencontré dans la province de Corrientes (république Argentine) et à Chiquitos (Bolivia).

CERVUS SIMPLICICORNIS.

Cariacou, Buffon, *Hist. nat.*, t. IX, p. 90. *Petite biche de Surinam, idem, ibid.*, t. XII, p. 311. *Guazu-pita*, d'Azara, *Essai sur l'hist. nat. des quadr. du Paraguay*, trad. fr., t. I, p. 82 ; le *Cervus rufus*, Fr. Cuvier, *Dict. des sc. nat.*, t. VII, p. 485. *Guazu-bira*, d'Azara, *loco cit.*, t. I, p. 86 (le *Cervus nemorivagus*, Fr. Cuvier, *loco cit.*, p. 485). *Cervus simplicicornis*, Illiger.

Ces petits cerfs se trouvent dans une grande partie de l'Amérique méridionale, mais il n'est pas encore certain s'ils forment une seule espèce ou deux comme le pensait d'Azara. Il a été mis hors de doute, dans ces derniers temps, que les petits cerfs du Chili qui ressemblent au *Guazu-bira* et au *Guazu-pita*, forment une espèce bien distincte de l'un et de l'autre. [1]

Les jeunes cariacous ont une livrée, et les parties roussâtres de leur pelage sont plus vives que chez les adultes.

On le trouve dans toutes les régions chaudes et boisées du centre de l'Amérique méridionale. Il ne s'avance jamais au-delà du 28.ᵉ degré de latitude sud.

---

1. Voir leur description dans les *Annales des sciences naturelles*, Février 1846, par MM. Gay et Gervais.

CERVUS CAMPESTRIS.

Guazu-ti, d'Azara, *Essai sur l'hist. nat. des quadrup. du Paraguay*, édit. franç., t. I, p. 77; *Guazu-para* des Brésiliens; *Cervus campestris*, F. Cuv., *Dict. des sc. nat.*, t. VII, p. 484; Desm., *Mamm.*, p. 444; Waterhouse *in* Darwin, *Voy. du Beagle*, *Mamm.*

Nous avons fait représenter, pl. 20, fig. 2, des bois fort singuliers de *C. campestris*, qui sont actuellement au Muséum de Paris, où ils ont été déposés par M. d'Orbigny. La torsion flabellée de ces bois leur donne un aspect tout particulier.

Les jeunes du *Cervus campestris* n'ont pas de livrée : leur pelage est plus fauve-roussâtre que celui des adultes. Un de ces jeunes cerfs, qui est actuellement dans les galeries du Muséum, nous a présenté les particularités suivantes : il n'a pas encore de blanc pur aux régions où en ont les adultes, si ce n'est sous la queue; celle-ci n'a pas encore de noir en dessus; les pieds sont fauves : il y a un peu de blanc à la face postéro-interne du calcanéum.

On rencontre cette espèce seulement dans les plaines, depuis les régions chaudes jusqu'aux régions froides de la Patagonie.

CERVUS ANTISENSIS, d'Orb., 1834.

Pl. XX, fig. 1.

Cervus antisensis, d'Orb., *Nouv. Ann. du Mus. de Paris*, t. III, p. 91; *Cerf d'Antis*, Pucheran, *Dict. univ. d'hist. nat. de Ch. d'Orbigty*, t. III, p. 328.

Cette curieuse espèce de cerf n'avait point encore été signalée aux naturalistes. Elle ne rentre véritablement dans aucune des divisions établis dans ce grand genre par les naturalistes modernes, et elle devra y former une coupe nouvelle essentiellement caractérisée par ses bois bifurquées dès la meule, à divisions simples, l'une dirigée en avant et l'autre en arrière, quoique médiocrement divergentes entre elles.

Il n'a encore été parlé du *Cervus antisensis* que dans un petit nombre d'ouvrages récents et d'après les exemplaires que M. d'Orbigny a rapportés en Europe. Ce cerf est à peu près de la taille de l'Axis, mais son port est plus lonrd et rappelle davantage celui du cerf cochon ou du cerf mexicain. Le mufle est nu; il y a audevant des yeux des larmiers de longueur moyenne, et tout le pelage, dont les poils sont assez longs, durs, un peu cassants et plus ou moins tournés en spirale ou ondulés, est de couleur brunâtre, piqueté de fauve-paillé. Chaque poil est d'un brun mat, assez clair dans sa partie cachée, brun également, mais p us luisant et d'une teinte plus intense vers le sommet. Chacun a sa pointe comprise par un anneau de couleur jaune-paille, dont l'étendue a deux ou trois lignes. La porion tout à fait terminale redevient brune, la tête, le cou, le tronc et la face externe les membres présentent la même coloration tiquetée. Le mufle est encadré de blanchâtre; les oreilles sont tiquetées en dehors comme le corps lui-même et elles ont des poils blan hâtres à leur face interne. Il n'existe aucune trace de cette dernière couleur à l'œil, mais on la retrouve, plus ou moins mêlée de jaunâtre ou de gris, sous le menton, au haut du cou, aux aisselles, aux aines, à la face interne des jambes, à la région anale, sous le dessous et dans une grande partie de la Mammi-
fères. queue, aux talons et sur les canons à leur face postérieure. Le blanc de la région anale est plus pur que celui des autres parties. Le dessus et la base supérieure de la queue sont de la couleur du dos. Les poils de la région fessière sont plus longs que les autres, et il est probable que le peaucier jouit ici comme dans le chevreuil d'Europe et quelques autres espèces, de la possibilité de les redresser.

Le mâle et la femelle adultes se ressemblent par la disposition des couleurs.

Le corps et la tête mesurent	$1^m,200.$
La queue a	$0^m,100.$
Les oreilles	$0^m,125.$
La hauteur au garrot est de	$0^m,700.$
Celle du bois en arrière	$0^m,170.$
— en avant	$0^m,140.$

Les jeunes de cette espèce n'ont pas de livrée : ils ont les poils plus doux que ceux des adultes, d'un brun plus roussâtre et peu piqueté. L'anneau fauve pâle du sommet des poils chez les adultes, est ici fauve roussâtre et le corps paraît moins tiqueté; le front, la croupe et la base de la queue, tirent au brun noirâtre; le ventre est plus clair que le dessus du corps. Il y a du blanchâtre à la face interne des cuisses et des bras.

Comme dans presque toutes les espèces de la famille des Cerfs, les bois n'existent que dans le sexe mâle : ils ne sont pas d'un volume considérable; mais ils varient néanmoins en force suivant l'âge. Leur forme, ainsi que nous l'avons dit en commençant, est tout à fait particulière à cette espèce, et elle paraît se rapprocher, sauf plus de brièveté dans le pédoncule, des Cerfs fossiles en Europe, auxquels on a donné le nom de *Dicrocères*. La seule espèce vivante qui paraisse s'en rapprocher notablement par l'ensemble de ses caractères, car ses bois sont encore inconnus, est le *Cervus chilensis*, Gay et Gervais.

Une paire de bois, rapportée de Bolivia par M. Pentland et déposée au Muséum de Paris, appartient à un individu plus vigoureux et plus adulte que celui que nous avons fait figurer. Ces bois sont dépouillés de leur enveloppe cutanée ou, comme disent les véneurs, ils ont perlé. Leur pédoncule est encore plus court que dans ceux de l'individu figuré de notre planche XX. De leur meule part une rame ou pédoncule élargi d'avant en arrière, c'est-à-dire un peu comprimé et long de 0,050 seulement. Cette rame se partage en deux pointes ou andouillers : l'une antérieure, un peu plus petite et plus recourbée, est haute de 0,145, mesurée suivant sa corde; l'autre s'élève à 0,225 depuis le point de bifurcation et complète avec la précédente une sorte de fourche à branches inégales et écartées entre elles de 0,130 environ. Le bois a des perlures dans sa moitié inférieure et à la meule, ainsi que des veinures; il devient lisse vers sa pointe.

On rencontre ce cerf sur les régions les plus élevées de la Cordillère orientale de la Bolivia; il est surtout commun aux environs de la Paz, de Cochabamba et de Chuquisaca, mais descend rarement au-dessous du niveau de 3500 mètres, se tenant de cette zone jusqu'aux neiges perpétuelles. Son agilité est très-remarquable.

ORDRE DES CÉTACÉS.

INIA BOLIVIENSIS.

Pl. XXII.

Inia boliviensis, d'Orb., *Nouv. Ann. du Mus. de Paris*, t. III, p. 22, pl. 3 (copié par
F. Cuvier, *Hist. nat. des cétacés*, p. 123, pl. 10*bis* et 11); *Delphinus Geoffrensis?* de
Blainv., *in* Desmarest, *Nouv. Dict. d'hist. nat.*, t. IX, p. 151.

Les caractères tout particuliers du crâne de ce cétacé ont été dessinés avec soin
dans notre planche XXII.

Il est possible que l'*Inia boliviensis* soit connu plus anciennement des naturalistes
qu'on ne l'avait pensé d'abord. Ainsi, en comparant ses caractères tels qu'ils ont été
décrits dans la notice publiée dans les Nouvelles Annales du Muséum avec ceux du
Delphinus Geoffrensis, Blainv. (le *Delph. Geoffroyi*, Desm.), on remarque une similitude
assez frappante; cependant l'histoire du *Delph. Geoffrensis* est si incomplétement connue,
qu'il était impossible de prime abord d'arriver à ce résultat.

M. de Blainville a nommé *Delph. Geoffrensis*, dans l'article Dauphins, inséré par Desmarest dans le *Nouveau Dictionnaire d'histoire naturelle*, un dauphin dont le seul individu connu a été rapporté des collections de Lisbonne dans celles du Muséum de Paris
par E. Geoffroy Saint-Hilaire en 1810. C'est une peau bourrée et repeinte; le crâne est
encore dans cette peau et la manière dont celle-ci a été préparée laisse voir les dents.
Le grand nombre d'objets uniques et précieux, originaires du Brésil et des régions
voisines, que possédait le cabinet d'Ajuda, est un premier argument à l'appui de notre
manière de voir. Rien n'a confirmé en effet que l'espèce du Dauphin de Geoffroy existât
sur la côte du Brésil, comme on l'a dit. La caractéristique publiée de ce cétacé est un
autre argument qui nous paraît avoir plus de valeur encore. Voici comment elle a été
établie par Desmarest, dans sa *Mammalogie* :

*Corps allongé, presque cylindrique, front très-bombé; museau analogue à celui du
crocodile du Gange ou du gavial; mâchoires émoussées à l'extrémité, égales entre elles
en longueur, à bords parallèles, armés de chaque côté de vingt-six grosses dents coniques,
également espacées; les antérieures étant plus petites que les autres et un peu émoussées à
la pointe; toutes coniques, obtuses, à surface rugueuse et ayant un collet à leur base;
yeux placés un peu au-dessus de la commissure des lèvres; nageoires pectorales grandes
et attachées très-bas; un pli longitudinal de la peau sur la partie postérieure du dos (pour
nageoire dorsale); évents ayant les cornes tournées en arrière.*

La comparaison du crâne de l'*Inia boliviensis* que nous avons figuré et de celui qui
est encore dans la peau de l'exemplaire actuellement au Muséum, et sur lequel repose le
Delph. Geoffrensis, confirmera très-probablement le rapprochement que nous indiquons ici.
Cette opinion est aussi celle de M. de Blainville.

Un des motifs qui ont retardé la détermination du *Delph. Geoffrensis* est l'erreur
échappée à Cuvier et admise par quelques auteurs que le dauphin du cabinet de Lisbonne, est de la même espèce que son *Delphinus frontatus*. F. Cuvier a rétabli ce point
de synonymie, mais sans supposer l'identité du *Delphinus Geoffrensis* et de l'*Inia boliviensis*.

On le rencontre dans toutes les rivières des provinces de Moxos et de Chiquitos, en Bolivia, ou sur tous les affluens supérieurs de l'Amazone, à plus de 700 lieues de la mer. (Voyez, pour ses mœurs, la notice de M. d'Orbigny indiquée à la synonymie.)

DELPHINUS BLAINVILLEI.
Pl. XXIII.

Delphinus Blainvillei, P. Gervais, *Bullet. de la Soc. philomat. de Paris*, 1844, p. 38 (27 Avril), et Journ. *l'Institut*, même année.

Un crâne de dauphin pris à Monte-Video, c'est-à-dire à l'embouchure de la Plata, et déposé au Muséum de Paris par M. de Fréminville, officier de la marine royale et naturaliste très-zélé[1], démontre l'existence d'une espèce de dauphin à bec allongé, qui était restée jusqu'à présent ignorée des zoologistes. Ce crâne a des affinités avec ceux des Platanistes et des Inias sous quelques rapports; mais il diffère assez de l'un et de l'autre, ainsi que du crâne de tous les dauphins connus, pour qu'on fasse de l'espèce à laquelle il appartient un sous-genre que nous nommerons Stenodelphis.

Ce crâne est long de 0ᵐ,23 seulement, depuis les condyles occipitaux jusqu'à l'extrémité des mâchoires; il est très-grêle et très-allongé dans sa partie maxillaire, ce qui est ordinaire aux dauphins vivants ou fossiles, propres aux embouchures des grands cours d'eau. On peut dire qu'il rappelle grossièrement par sa forme générale celui des Bécasses et des Huîtriers. Il est en effet presque sphérique dans sa partie crânienne et olfactive, et au-devant d'elles se voit un long bec simulé par les mâchoires elles-mêmes. Les dents qui arment les bords de celles-ci sont petites, longues de 5 ou 6 millimètres au plus, toutes plus ou moins aiguës, et au nombre de 53 ou 54 supérieurement, ainsi qu'inférieurement. Les postérieures sont un peu moins aiguës que les autres, et leur partie terminale est un peu recourbée. Les faces externes de la mâchoire supérieure et de l'inférieure présentent une gouttière longitudinale assez forte; la symphyse de la mâchoire inférieure est fort longue, elle a 0ᵐ,255. La partie crânienne n'a point de saillie en arrière des évents, ni de crête fronto-maxillaire, comme chez le plataniste ou dauphin du Gange. La plus grande largeur de ce crâne ne dépasse pas 0ᵐ,120. Sa fosse temporale, dont la surface est plus considérable que dans les dauphins ordinaires, est limitée en arrière par une crête qui se joint à celle qui la borde en dessus, et à celle que termine en arrière la surface où sont percés les évents. Cette dernière crête, qui est horizontale, se joint à la saillie orbitaire du frontal. L'os temporal envoie une apophyse zygomatique en forme de lame assez forte, qui va se perdre à l'apophyse post-orbitaire du frontal, et dont la longueur est considérable. Il n'y a point en dessous de rudiment de l'os molaire, ou du moins nous n'en avons pas vu sur le crâne que nous décrivons. Ce crâne curieux nous a été communiqué par M. de Blainville, à qui nous dédions l'espèce qu'il indique. Il est figuré réduit de moitié dans l'atlas mammologique de cet ouvrage, à la pl. XXIII, fig. 1-4. Les figures 3 et 4 sont de grandeur naturelle.

---

1. D'après un renseignement fourni par M. de Fréminville, le dauphin dont provient ce crâne est long de quatre pieds, et il est blanc, avec une bande dorsale noire.

Mammifères.

Il nous a paru qu'un dauphin, observé et dessiné par M. d'Orbigny sur la côte de
Patagonie, mais dont il lui a été impossible d'obtenir les dépouilles, était de la même
espèce que le *Stenodelphis Blainvillei*. Ce dauphin était long de 1ᵐ,20; il avait le bec
très-long et très-grêle, et présentait une nageoire dorsale. Sa figure, faite sur un individu en décomposition, est reproduite dans notre atlas, pl. XXIII, fig. 5.

DELPHINUS CRUCIGER.
Pl. XXIII, fig. 1-4.

Delphinus cruciger, Quoy et Gaimard, *Zool. de l'Uranie*, pl. II, fig. 3 et 4; *Delph. bivittatus*, Less., *Bull. des sc. nat.*, t. VIII, p. 373, et *Zool. de la Coquille*, t. I.ᵉʳ, p. 178;
pl. IX, fig. 3; *Delph. cruciger* et *Delph. bivittatus*, F. Cuv., *Hist. nat. des Cét.*, p. 225.

C'est avec doute que nous rapportons aux dauphins décrits par MM. Quoy, Gaimard
et Lesson, celui que nous avons figuré dans l'atlas de cet ouvrage sous le nom de *Delphinus
cruciger*. Les collections ne possèdent rien des dauphins observés par les naturalistes de
l'*Uranie* et de *la Coquille*. Notre dauphin cruciger est noir au menton et sur le museau,
et cette couleur se continue le long du dos en comprenant la nageoire dorsale, et
enveloppant ensuite la queue, qui est échancrée. A la hauteur du pectoral et sur le
dessus de la région coccygienne la bande noire est *plus étroite qu'à la partie dorsale*.
Une autre bande noire règne bilatéralement depuis la queue jusqu'à l'œil, elle se rétrécit
à la hauteur de l'anus, augmente plus antérieurement et embrasse les nageoires pectorales. Entre la bande bilatérale noire et la bande médio-supérieure, ainsi que sur la
face inférieure du corps, la peau est d'un blanc plus ou moins pur.

Ce dauphin avait le bec court, peu séparé de la convexité frontale. Son crâne est
déposé dans les galeries du Muséum d'histoire naturelle. Il est plus large que celui
du *Delphinus delphis* et moins long; sa mâchoire supérieure a 26 dents d'un côté et
29 de l'autre, et l'inférieure 27 et 28. Ces dents sont aiguës, et semblables pour la
forme à celles de la majorité des dauphins du sous-genre *Delphis*. La longueur du
crâne égale 0ᵐ,39; la plus grande largeur a 0ᵐ,22. Nous en avons donné la figure
(pl. 21, fig. 1 et 2) réduite au tiers. La figure 3 représente une partie de la région
maxillaire, de grandeur naturelle. Nous avons rencontré cette espèce du 57.ᵉ au 76.ᵉ
degré de latitude sud, ou à l'est et au sud du Cap Horn. Le dessin que nous en don-
nons a été fait par nous sur le vivant avec tout le soin possible.

DELPHINAPTERUS PERONII.
Pl. XXI, fig. 5.

Delphinus Peronii, Lacép., *Cétacés*, p. 317; *Delphinapterus Peronii*, Less., *Zool. de la
Coquille*, pl. IX, fig. 1; *Delphinus Peronii*, F. Cuv., *Cétacés*, p. 164, pl. XV, fig. 2.

Nous l'avons rencontré du 48.ᵉ au 64.ᵉ degré de latitude sud, autour du cap Horn.
Un individu harponné nous a permis de le dessiner avec toutes ses proportions prises
avec beaucoup de soin; c'est pour cette raison que nous avons tenu à donner (fig. 5)
une copie de notre dessin original.